無敵偵探狗 2

驚險嘉年華

新雅文化事業有限公司
www.sunya.com.hk

姓名：科南

性別： 男

職業： 偵探

性格： 聰明機智、遇事鎮定。

強項： 善於製作各種偵探工具。

理想： 保護汪汪城的每個成員，偵破所有疑難案件！

興趣和愛好： 鑽研百科知識，應用到案件偵探中。

姓名：露露

性別：女

職業：偵探

性格：不怕困難、膽大心細。

強項：精通多種密碼，善於從案發現場
尋找蛛絲馬跡。

理想：幫助所有偵探迷成為無敵偵探！

興趣和愛好：學習偵探知識和技能。

案件提示

　　小偵探朋友，歡迎你成為無敵偵探隊成員！現在我們要馬上一起到犯罪現場進行搜查。為了讓你能清楚地掌握有關案件中的線索，請你認真閱讀以下的提示：

1. 在這個案件中，我們決定別出心裁地在查案的過程中，教你拆解一些魔術戲法。本書將教會你做帽子戲法、換物魔術、硬幣瞬間消失的魔術、洗牌魔術、繩子穿腰魔術和奇妙的讀心術等等。

2. 你和我們一起破案時，將會遇到很多職業偵探才能解決的問題。你要做的事情就是跟着我們，<u>一起認真學習偵破知識與技能</u>。

3. 在查案的過程中，你要仔細觀察現場留下的蛛絲馬跡，<u>隨時做好記錄，並進行邏輯推理</u>。

4. 在偵破每個案件後，請翻到第48和90頁的「神奇魔術掌握情況記錄表」，如實記錄自己學習魔術的情況。

無敵偵探登記卡

各位小偵探，現在我們正碰到很棘手的案件，非常需要你的幫忙，請你填好下面的登記卡，加入到無敵偵探隊來吧！

介紹一下你自己吧！

姓名： ....

性別： ....

年齡： ....

性格： ....

強項： ....

理想： ....

興趣和愛好：

機密

目錄

驚險嘉年華

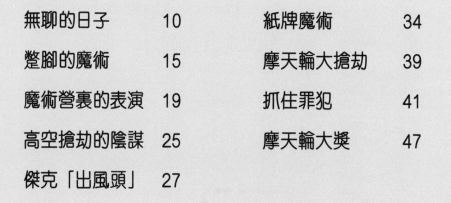

白貓隱身案

無聊的日子

這天，科南趴在草地上盯着草叢中爬來爬去的螞蟻。幾隻小飛蟲在他的鼻子周圍嗡嗡地飛，但是科南根本懶得轟牠走。今天他實在太無聊了，什麼事都不想做。

　　科南在想他的好朋決友露露，她已經離開汪汪城兩個星期了。這兩個星期漫長得就像過了整整一個夏天。科南希望露露馬上就能回來。

　　他在草地上打了一個滾，閉着眼睛蹭了蹭後背。突然，一滴水落到了他的鼻頭上，接着又是一滴。「一定是下雨了。」他一邊想着，一邊睜開眼睛。

　　就在這時，一盆水潑到了他的臉上。「嘿，怎麼回事？」科南大叫起來。

　　這時，他聽到橡樹後傳來一陣熟悉的笑聲。露露回來了！兩個好朋友高興地在草地上打滾起來。

　　科南高興得不停地笑，說：「我們去找多博曼警探吧，也許他正等我們幫他破案呢。」

　「不行。」露露說，「我表哥傑克來了，正好嘉年華也來到我們鎮上的遊樂場。你和我們一起去玩，好嗎？」

　「別跟我提他！我可不願意跟傑克在一起。他只會吹牛，說要當世界上最偉大的魔術師，但是他只會笨手笨腳地表演幾個蹩腳的魔術。」

　有一次，傑克把科南心愛的存錢罐變成了一塊石頭，就再沒有把它變回來，因此科南很討厭他。

　「來吧，科南。」露露懇求道，「我們可以一邊玩，一邊吃棉花糖和香腸熱狗。」

　科南使勁搖着頭。

露露想了想說：「我們還可以玩摩天輪呢。」

科南的耳朵一下豎了起來。摩天輪是遊樂場裏最刺激的設施，也是他和露露最喜歡玩的機動遊戲呢。

「哦，好吧。」科南說，「我們終於可以大聲地尖叫了。摩天輪轉得那麼快，傑克就不會有時間變魔術啦！」

「走，我們一起去叫傑克！」露露高興地說。

蹩腳的魔術

「魔術，蹩腳的魔術。」看到傑克在變魔術，科南小聲地嘟囔着說。

這時，傑克已經從露露的耳朵中取出了一個雞蛋。現在他又在把水由綠色變成紫色。

「走吧，我們去嘉年華玩吧。」露露懇求道。

傑克根本不理露露，他正忙着把變出來的紫色的水倒進科南的帽子。

「唏！那可是我最好的帽子啊！」科南大叫道。

「別緊張！」傑克說着就用魔術棒在帽子上一揮，「變，變，變。所有的水，都給我跳到杯子裏去。」

說着，傑克將手中的空杯子放到帽子裏，又揮了一下魔術棒。然後他拿出滿滿的一杯水，喝了一口後，把帽子扔給了科南。

科南連忙接過帽子，發現裏面竟然是乾的！「咦？」他小聲地說，「這還真有點神奇呢！」

「我可不想再看魔術了。」露露說完，騎上單車就走。

「我們快走吧。」她轉頭喊道,「別錯過了玩摩天輪的時間!」

科南騎上單車,緊跟在露露後面,但是傑克仍然呆在原地不動。

「摩⋯⋯摩天輪?那東西太嚇人了,我可不想玩⋯⋯」傑克擦了擦額頭上的汗,然後慢吞吞地跨上了單車。

⊕ 帽子戲法

到底傑克是如何把飲料倒進帽子，但又不弄濕帽子的呢？你也來試試變魔術吧！

你需要：

- 2 個紙杯
- 1 把剪刀
- 1 頂禮帽
- 1 杯水

步驟：

1. 將一個紙杯放到禮帽裏。注意，不要讓觀眾看到帽子裏的杯子。

2. 把另一個紙杯的杯底剪掉。

3. 現在你就可以開始表演魔術了。將水倒入禮帽中的紙杯裏。觀眾會以為你在往帽子裏倒水。

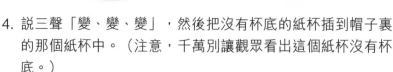

4. 説三聲「變、變、變」，然後把沒有杯底的紙杯插到帽子裏的那個紙杯中。（注意，千萬別讓觀眾看出這個紙杯沒有杯底。）

5. 巧妙地將兩個紙杯一起取出，給觀眾展示乾乾的帽子。他們一定會覺得好神奇！

魔術營裏的表演

　　科南和露露才剛到遊樂場門口，棉花糖的香味就引得他們直流口水。

　　他們遠遠地看到摩天輪在瘋狂地旋轉。「哇！快聽聽那些尖叫聲。」科南說，「我已經等不及了，恨不得馬上就坐到摩天輪上。」

　　傑克呢？他還在後面慢吞吞地蹬着單車。

「傑克，快點兒！」科南大聲喊道。

「摩天輪！摩天輪！」一進遊樂場，露露就興奮地叫起來。但是，傑克根本不理她，他逕直向一個紅白條紋的帳篷走去。

「啊，糟糕，傑克看到這裏有魔術表演了。」露露很不情願地拉着科南跟了上去。

20

　　「這才是真正的魔術呢。」傑克興奮地等着魔術表演的開始。

　　而露露和科南卻是如坐針氈，心裏一直想着他們今天還能不能玩上摩天輪。

　　「我等會兒一定要上台。」傑克又開始吹牛了，「我要給大家表演一兩個我的拿手絕活，你們就等着看好了！」

傑克突然把露露頭上的緞帶扯了下來。他拿着緞帶在露露的眼前晃了兩下，然後把它從一個紙袋中穿了過去，接着又拿出剪刀從紙袋的中間剪了下去，紙袋被剪成了兩半。

　　這下露露可急了，她跳起來想把緞帶搶回來。

　　「怎麼啦，露露？」傑克笑嘻嘻地問道。接着，他的手腕一抖，將緞帶從紙袋裏抽了出來——緞帶竟然沒斷！

露露可真的生氣了，她開始討厭傑克，再也不想坐在那裏看魔術了。她想去玩摩天輪。

露露找到科南，想叫他一起去玩摩天輪。但科南卻沒理露露，而是把耳朵貼在帳篷上專心地聽着什麼，臉上還露出了奇怪的表情。

⊕ 緞帶不斷的魔術

　　小偵探們，你有看出傑克是如何假裝把緞帶剪成兩半的嗎？現在，請你來動手試試看吧。

你需要：

- 1 把剪刀
- 1 個封好的信封，將兩頭剪開
- 1 根緞帶或繩子

步驟：

1. 請大人幫你在信封背面的中間剪兩條長度約為 3 厘米的縫。兩條縫之間的寬度大約為 1 厘米。

2. 將緞帶的一頭從信封的一端插進去，再按右圖所示，將緞帶從信封的另一端穿出來。

3. 現在你就可以為觀眾表演了。將信封的正面（沒有縫的一面）展示給觀眾。

4. 從兩條縫之間開始剪信封，注意要使剪刀壓在緞帶上，這樣緞帶就不會被剪斷了。但是觀眾看到的好像是你從緞帶中間剪過去一樣。

5. 將緞帶從信封中抽出來。觀眾一定會很吃驚地發現緞帶竟然沒有被剪開。

高空搶劫的陰謀

只見科南仔細聽着帳篷外面的對話。「摩天輪」這個詞引起了他的注意。

「我們要把摩天輪變成『搶劫輪』。」一把沙啞的聲音說。

「好，飯克。好的。」另一把聲音回應道。

科南聽到「啪」的一聲，接着是一句「白癡」。

「我不叫『飯克』！嘴裏塞滿東西的時候別說話，霍瑞斯。別老想着你那個填不飽的大肚皮，該想想我們的搶劫行動了。」

「對不起，弗蘭克。」接着科南聽到了一聲飽嗝。這可是科南聽到過最響的飽嗝聲。

這兩個罪犯繼續交談着。

科南簡直不敢相信自己的耳朵。弗蘭克和霍瑞斯正計劃在摩天輪上進行一次搶劫。

這兩個罪犯計劃當歌曲《天堂裏的狗兒》響起時，弗蘭克就會讓摩天輪停下來，讓遊客頭朝下掛在空中。這樣，大家身上的錢包和珠寶就會像雨一樣掉下來了。

聽到這兒，科南想：一定得阻止他們。他轉頭正要告訴露露，卻發現她和傑克都不在座位上。

傑克「出風頭」

原來，露露和傑克正站在舞台上，像貓一樣喵喵叫着。

「哦，糟糕！」科南自言自語道，「一定是魔術師給他們施了催眠術，讓他們以為自己是貓。」

科南看到魔術師讓露露趴在牛奶碗邊喝牛奶，讓傑克追着一隻吱吱叫的假老鼠。

經過了一段時間，魔術師按響了鈴聲，露露和傑克這才恢復了正常。

露露一屁股坐回到位子上。科南趕緊探身過去告訴露露自己聽到的驚天秘密，「我們得馬上去阻止弗蘭克和霍瑞斯。」

可是，傑克一心要想玩魔術，根本不想離開。

這時，魔術師拿起一個紙袋，放入一枚硬幣和一張遊樂場的票。然後，他伸手把票取出來，放到自己的口袋裏。

「現在紙袋裏有什麼？」魔術師問傑克。

「很簡單，是硬幣。」

魔術師把紙袋遞給傑克，傑克從袋裏掏出了⋯⋯遊樂場的票！觀眾一陣哄笑。傑克的臉「唰」地一下紅了。

「再來一次。」傑克有些不甘心。

魔術師又表演了一遍，但傑克還是弄不清楚到底是怎麼一回事。

　　露露和科南一刻也不能再等了。他們必須馬上趕在弗蘭克和霍瑞斯行動前阻止他們！

　　衝出帳篷時，他們聽到魔術師對傑克說：「感謝你的配合，這張票送給你，你可以免費玩一次摩天輪。」

　　傑克拿着票，不知該說什麼好。

免費乘坐一次
摩天輪

⊕ 換物魔術

　　各位小偵探，我們一起來變換物魔術吧！魔術師在表演時用的是遊樂場的票，如果沒有，你可以用比硬幣稍大一點兒的紙片。

你需要：

- 1 個紙袋
- 1 枚硬幣
- 2 張完全一樣的票或紙片

步驟：

1. 先把一張票放入空紙袋中。

2. 現在你可以為觀眾表演了。向觀眾展示硬幣和另一張票，並把它們一起放到紙袋中。

3. 把手伸到紙袋裏，把硬幣放在一張票的背後，一起取出來（票後面藏着硬幣）。小心啊，不要讓觀眾看到硬幣。

4. 挑選一名觀眾，讓他猜猜紙袋裏的東西是什麼。他肯定會以為袋子裏剩下的是硬幣，但事實上卻是票。

發現犯罪分子

露露和科南衝出魔術營，他們在奔跑中差點被一輛賣熱狗的小推車撞倒。

「慢點，小傢伙！」一隻聲音沙啞又粗魯的鬥牛犬說。他的搭檔滿嘴都是巧克力，正怒視着露露和科南，還不停地打嗝。

沙啞的聲音和打嗝聲！這兩個傢伙一定是弗蘭克和霍瑞斯。

「就是他們！」科南小聲對露露說，「我們快跟上他們！」

就在他倆正要跟上那兩個壞傢伙的時候，傑克突然一下抓住了他們。

露露一邊掙扎，一邊說：「我們必須馬上趕到摩天輪！馬上！」

「是的。不過我們先去鏡宮玩吧。」說着，傑克把露露和科南推進了一個黑漆漆的房間裏。

傑克拽着露露和科南在鏡宮裏轉了有一個多小時，然後又拉着他們去恐怖屋。

在恐怖屋裏，蝙蝠和蜘蛛等嚇人的東西跳到他們面前，但是露露和科南根本沒心思理牠們，一心只想快點趕去摩天輪。

從恐怖屋出來，傑克又拉着露露和科南去玩踩高蹺……

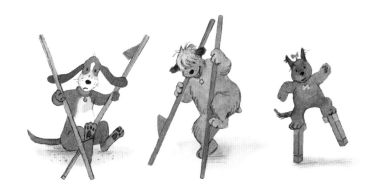

去坐海盜船……

甚至開始跳起舞！
傑克能跳什麼樣的舞呢？「真是慘不忍睹！」露露小聲地說。

傑克的所有表現都讓人感覺他在努力地阻止露露和科南去玩摩天輪。

紙牌魔術

天色越來越晚，露露和科南還沒去摩天輪。要是這樣下去，他們根本不可能阻止弗蘭克和霍瑞斯！

這時，露露有了主意。她對傑克說：「我會一個魔術，我跟你打賭你肯定弄不清楚是怎麼一回事。如果我贏了，我們就去玩摩天輪。」

「好啊，你試試！」傑克一臉不屑。

　　露露跑到兩位正在玩紙牌的女士桌邊，跟她們說了幾句話。
很快，她拿着幾張紙牌和一把剪刀回來了。

　　「我能從紙牌中鑽過去。你先來試試，只要你能從紙牌中鑽
出去就算你贏了。」她把一張紙牌和剪刀遞給傑克，「這個給你用。
你只有兩分鐘時間。」

傑克盯着紙牌，使勁撓着後腦勺。他在紙牌中間剪了一個小洞，但只能鑽過去他的一個腳指頭。他把洞剪大了一些，這下他的鼻子能鑽過去，但也只能這麼大了。

　　汗一滴一滴地從傑克額頭上流了下來。他想來想去，卻怎麼也想不明白。

「認輸嗎？」露露問。

「好吧。」傑克嘟嘟嚷嚷地，很不情願。

　　露露拿出一張新紙牌，「我告訴你怎麼變這個魔術。」只見
她這兒剪一下，那兒剪了一下，幾秒鐘後，露露和科南就從紙牌
中鑽了過去。

「好了，我們走吧，」科南說，「不能再浪費時間了。」

露露和科南向摩天輪跑去。傑克又使勁地撓了撓後腦勺，灰溜溜地跟在他們後面。

⊕ 小偵探學堂

⊕ 紙牌洞魔術

你知道露露是如何把小小的紙牌變大的嗎？你也來試試看吧！

你需要：

- 1 張紙
- 1 把剪刀

步驟：

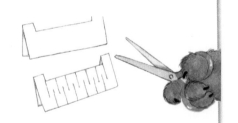

1. 將紙沿長邊對摺，如右圖所示，從中間剪去一塊。
2. 按照圖上所畫的線剪。千萬不要剪斷，總共剪 13 下。
3. 小心地打開紙，把它套在身上，這樣你就可以從中間鑽過去了。

提示：

你剪的次數越多，最後剪出來的洞就越大。但要記住，你所剪的次數一定得是單數。

摩天輪大搶劫

　　離摩天輪越來越近，摩天輪上的尖叫聲也聽得越來越清楚，傑克的臉色也變得越來越蒼白。「噢！」他嘟囔着，「我覺得我的肚子有點痛。」

　　他們終於來到了摩天輪前。傑克往上一看，好高啊！摩天輪瘋狂地轉着，它像隕石一樣落下來，然後又猛地一下升起來。看到這一幕，傑克緊張得緊緊地捂住肚子。

　　露露和科南說了幾句悄悄話。

　　「當播放《天堂裏的狗兒》的音樂，弗蘭克和霍瑞斯就會把摩天輪停下來。」科南說，「我們必須阻止他們的搶劫行動。」

　　露露點點頭，說：「這會很危險。我們最好有多博曼警探的幫助。」

　　就在這時，《天堂裏的狗兒》歌曲響起了。

　　「沒時間了！」科南大叫道。

　　「我馬上回來。」傑克說着轉身跑了。

　　「我們走。」露露向科南喊道，「你去對付霍瑞斯，我去對付弗蘭克。」

　　說着，露露登上了摩天輪。科南順手從旁邊的水果攤上抓了一根香蕉。

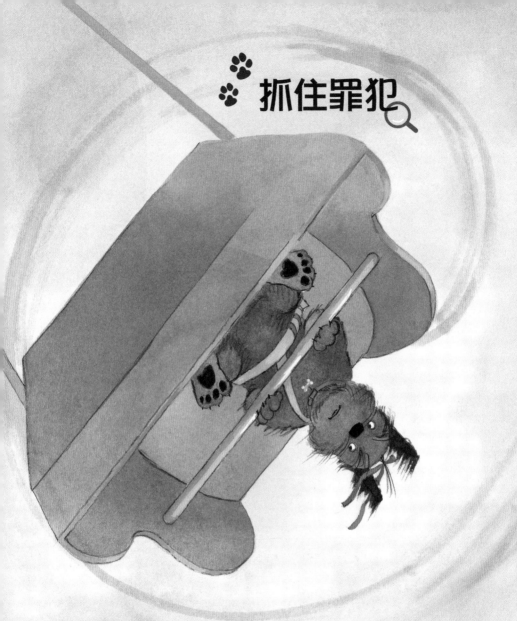

抓住罪犯

在摩天輪上，風呼呼地吹過露露身上的毛。她的周圍盡是摩天輪上遊客的尖叫聲。

突然，摩天輪停了下來。摩天輪上的小車前後搖晃着。遊客們的錢包、項鏈等東西紛紛掉了下來。

該行動了！

露露解開安全帶，爬出車廂。

哦，天啊！地上的人小得像螞蟻。露露做了一個深呼吸，她開始從一個車廂跳到另一個車廂。

她一邊安慰遊客，一邊向他們借圍巾、皮帶和項鏈。

到底她要這些東西來做什麼呢？

與此同時，站在地面上的弗蘭克，眼睛鼓鼓的，脖子上的青筋暴跳。

「霍瑞斯，」他大叫着，「快把東西收起來。」

錢、項鏈、手錶等像雨點般一樣落到霍瑞斯周圍，但他卻一動不動。他正盯着科南。事實上，他是在盯着看科南手中那根晃來晃去的香蕉。

43

弗蘭克拿着一個袋子，忙着把地上的東西裝進去。他正要去撿一枚鑽石戒指，突然聽到了一聲「住手」。弗蘭克轉頭看，在一瞬間，他只看到一雙腳，接下來就什麼都不知道了。

看到科南在剝香蕉，霍瑞斯忍不住舔了舔嘴。真奇怪呀，香蕉竟然一片一片地掉下來了。

科南倒着走，霍瑞斯一路跟着他，津津有味地吃着從科南手裏掉下來的香蕉片。最後，霍瑞斯被直接引到了多博曼警探的警車去。而弗蘭克已經蜷縮在裏面了。科南把剩下的那點兒香蕉扔到了警車上，霍瑞斯隨即跟着跳上了車。

車門「咣噹」一聲關上了。

「你這個方法還真狡猾！」露露開玩笑說。

「那當然了。」科南哈哈大笑。

「你的方法還真有效呢！」多博曼警探補充道。

⊕ 香蕉分片戲法

科南是怎樣徒手把香蕉變成一片片的呢？一起來動手試試看吧！

你需要：

- 1根香蕉　　　• 1根牙籤

步驟：

1. 將牙籤插入香蕉中，注意不要扎穿了。輕輕地前後搖一搖牙籤，再將牙籤拔出。在同一切面上這樣扎三四下。

2. 在香蕉的其他地方重複上一步驟。這樣就可以把香蕉分片。當你把香蕉皮剝開時，香蕉片就會自己掉下來了。

摩天輪大獎

　　「今天真是太過癮了。」科南鬆了一口氣說，「你覺得哪個地方最有意思？」

　　「當我快要踢到弗蘭克時，他臉上的表情最可笑了。」露露笑着說道。

　　「我覺得有一件事更有趣。」科南說，「當遊樂場經理送給我們摩天輪的終身免費門票時，傑克臉上的表情真是非常滑稽啊！」

神奇魔術掌握情況記錄表

魔術技能	你完成這個項目的情況		
帽子戲法	很糟糕（ ）	一般（ ）	非常好（ ）
緞帶不斷的魔術	很糟糕（ ）	一般（ ）	非常好（ ）
換物魔術	很糟糕（ ）	一般（ ）	非常好（ ）
紙牌洞魔術	很糟糕（ ）	一般（ ）	非常好（ ）
香蕉分片戲法	很糟糕（ ）	一般（ ）	非常好（ ）

無敵偵探狗2

白貓隱身案

海上之旅

　　偵探狗露露和科南剛剛偵破了一宗大案件，打算好好休假。在出發前，多博曼警探對他們說：「好好去享受你們的海上假期吧。」

　　科南站在郵輪的甲板上吹着海風，仰起臉深深地嗅了嗅充滿海水味的潮濕空氣。露露也在旁興奮地揮舞着絲巾。這次，他和最好的朋友露露一起乘郵輪去海上度假，心情很愉快又興奮！

　　科南早就想好了，到了海上，他要玩圓盤遊戲，而露露則想試

試深海潛水。

　　他們的朋友盧比和盧卡斯也
要一起參加旅程，大家相約了在甲板上會合。

　　郵輪的汽笛響起了，快要起航啦！露露和科南
望着無邊無際的大海，心裏對這次海上之旅充滿了
期盼。

　　正當他們沉浸遐想的時候，露露忽然被一隻笨拙的拉布拉多犬撞到了。露露站穩身子一看，開心地說：「你好啊，盧卡斯！怎麼這麼晚才來啊，盧比呢？」

　　話剛說完，一隻嬌小玲瓏的臘腸狗從盧卡斯的身後跳出來，撲向露露，親熱地舔着她的臉。

　　「你好啊，盧比！」露露很喜歡盧比的熱情。

　　「你們一定要去郵輪的廚房看看。」饞嘴的盧卡斯說。

　　「你們一定要來我們的客艙裏看看那温暖舒適的大牀。」愛睡懶覺的盧比說。

魔幻之夜

驚喰刺激、無與倫比
阿拉貝拉魔術師為你
帶來精彩的魔術表演！
晚上 8 時遊樂廳舉行
膽小者慎入

「我都等不及啦！」科南說，「我要把這郵輪上上下下都看個遍。」

露露沒理會科南的話，她被一張海報吸引住了。海報上是一隻渾身雪白的貓，身穿一條繡着星星和月亮圖案的深藍色長裙，非常漂亮。她有迷人的雙眼，一隻藍色的，一隻是碧綠色的。

「朋友們，今晚船上有魔術表演。」露露說，「我們一起去看，好嗎？」

有驚無險

晚上，露露跟大家一起去觀看魔術表演。到了緊張刺激的環節，盧比更有幸被邀請上台協助表演呢！

在昏暗的舞台上，盧比被關進一個木箱裏，頭、腳和尾巴從木箱兩端的圓孔裏伸出來。只見白貓魔術師阿拉貝拉拿着鋸子，正在鋸木箱，鋸子越鋸越深……

大家都屏息以待，科南覺得自己渾身的毛都豎起來了，露露也有些緊張。而盧卡斯則被嚇得用兩隻耳朵遮住了眼睛。

沒多久，阿拉貝拉停下手中的鋸，觀眾們都鬆了一口氣。

接着，她那隻碧綠色的眼睛瞇成一條縫，稍停片刻，又接着鋸起來。終於，木箱被鋸成了兩半，盧比的頭和尾巴分家了！觀眾們都不禁驚叫起來。

只見阿拉貝拉不慌不忙地把木箱拼回原狀，然後用一根魔術棒在上面敲了三下。

盧比一下子從箱子裏蹦了出來——毫髮無損！她在舞台上不停地跑來跑去，看樣子和觀眾一樣吃驚。

觀眾們立刻拍手叫起好來。阿拉貝拉那隻碧綠色的眼睛閃了閃，優雅地舉起手，示意觀眾安靜。

　　「現在，我要表演下一個魔術。」她看着露露，冷冷地笑着說，「請你到台上來，我要向你借樣東西。」

　　眨眼間，阿拉貝拉就把露露掛在脖子上的名牌取了下來；台上的燈光聚焦在她手上的牌子，看起來閃閃發光。

　　再一眨眼的工夫，那牌子就不見了。阿拉貝拉舉起雙手，手裏空空的，什麼也沒有。露露站在台上驚訝得張大了嘴巴。阿拉貝拉咯咯一笑，指了指科南說：「親愛的，你的朋友有東西給你。」

　　科南抬手摸摸脖子，露露的名牌居然掛在他的項圈上！露露、科南和其他觀眾都驚訝得目瞪口呆了。

　　「最後一個魔術。」阿拉貝拉說着，走向觀眾，從一位太太手上摘下了她的鑽石手鐲，「可以借給我嗎？」

　　這位老太太顯然不大情願，但她還沒來得及說什麼，阿拉貝拉已經把她的手鐲放在了舞台中央的桌子上。

　　燈光下的鑽石手鐲閃着奪目的光芒。

　　阿拉貝拉用一隻圓錐筒罩住一個玻璃杯，再把玻璃杯連同圓錐筒都扣在了手鐲上。

　　觀眾們紛紛猜想：魔術師會把鑽石手鐲怎麼樣？是變成其他東西嗎？手鐲的主人十分不放心地跑到台上看着。

阿拉貝拉用魔術棒敲了敲圓錐筒，然後她提起圓錐筒。觀眾們都伸長了脖子。

　　只聽阿拉貝拉尖叫起來：「哎呀！我把手鐲弄丟啦！」果然，手鐲不翼而飛！桌子上只剩下一個空的玻璃杯。台下一陣騷動，而台上手鐲的主人則嚇得差點昏過去。

　　這時，阿拉貝拉用魔術棒敲了敲玻璃杯，然後把玻璃杯拿到一邊，手鐲竟神奇地再次出現在桌子上。

「啊，原來在這裏。」阿拉貝拉帶着迷人的微笑，把手鐲還給了又驚又喜的主人。

觀眾們隨即大力鼓掌。阿拉貝拉鞠躬謝幕，昂着頭走下了台。

「這場魔術表演真是緊張刺激啊！」盧比說。

「我也被嚇了一大跳呢！」露露說着拍拍自己的名牌。

「怪不得大家都叫她無與倫比的魔術師。」科南說，「我打賭，她一定還有更精彩的魔術表演。」

⊕ 硬幣瞬間消失的魔術

　　各位小偵探，你們知道阿拉貝拉魔術師到底是如何讓鑽石手鐲消失又出現的嗎？現在你也可以用硬幣或其他小東西來表演這個魔術。

你需要：

- 1大張彩色手工紙
- 1個玻璃杯
- 1枝鉛筆
- 膠紙
- 2張相同顏色的彩紙
- 1枚硬幣
- 剪刀
- 圓規
- 間尺

步驟：

1. 用圓規和間尺在彩色手工紙上畫一個半圓形，用剪刀剪下這個半圓形，把它捲成圓錐筒（要完全把玻璃杯遮蓋起來。），然後用膠紙固定。

2. 把玻璃杯扣在一張彩紙上，用鉛筆沿杯口畫一圈，用剪刀剪下一個圓形，如圖示。

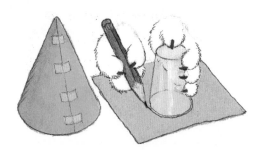

3. 用膠紙把剪下來的圓形紙片固定在玻璃杯口上。

4. 把另一張彩紙放在桌上，把硬幣放在紙上，告訴觀眾你要讓硬幣消失。

5. 把圓錐筒罩在玻璃杯上，再把它們一起扣在硬幣上。

6. 用魔術棒敲敲圓錐筒，宣布硬幣消失了。在拿起圓錐筒時，因為硬幣藏在玻璃杯口的彩色圓形紙片下面，所以觀眾看不見硬幣，就以為它消失了。要想觀眾以為硬幣又出現了，只要拿開玻璃杯就行了。但要注意，不要讓觀眾發現玻璃杯口的圓形紙片。

暴風雨之夜

　　興奮的一天結束了。科南和露露和朋友們高高興興地回到客艙裏。科南躺在牀上，看着窗外的夜空，上面的月亮、繁星，看來就像魔術師阿拉貝拉的長裙一樣。

　　「我也想當一個魔術師。」科南想着，閉上了眼睛。他做了一個夢，夢見自己從帽子裏變出一隻兔子來，自己也「噗」地一下在煙霧裏消失了。然後，他夢見自己在一艘海盜船上遇上了暴風雨。船在波濤洶湧的海上晃來晃去，晃來晃去，晃來晃去……

這時，科南驚醒了，發現船真的在搖晃。露露正推着他的肩膀，「我暈船了。」露露臉色發綠，無力地說道。

「你上牀躺着，露露。我去找點止暈船的藥。」

科南出了艙門，往大廳走去，船晃得很厲害，想站穩都不容易，他不得不扶着牆往前走。

海上風雨交加。突然，一個巨浪向郵輪襲來。

「哎呀！」科南尖叫一聲，被拋進一間開着門的客艙裏。

船還在搖晃。科南勉強站穩，這是在哪兒？他看見椅背上搭着一件亮閃閃的長裙，原來這是阿拉貝拉的化妝間！

　　科南聽到一扇緊閉的門後傳來尖細的聲音。他湊到鑰匙孔上往裏看，只見阿拉貝拉正在打電話。

　　「是啊，等船一靠岸，我就表演前所未有的、最了不起的隱身術。」她咯咯地笑着說。

　　阿拉貝拉打完電話，一邊愉快地哼着歌兒，一邊撢掉一個舊箱子上的灰塵。

　　科南悄悄地退了出去。太好啦！他簡直不敢相信，他和朋友們就要看到前所未有的、最了不起的隱身術啦！

勺子魔術

　　第二天一早，露露感覺好多了。「海上的新鮮空氣讓我胃口大開。」她說着，把一塊餅塞進嘴裏。

　　盧比也感覺好多了，「昨天晚上，阿拉貝拉要把我鋸成兩半的時候，我也沒怎麼害怕。」科南聽了和露露相視一笑。

　　「其實魔術人人都懂得變。」盧比得意洋洋地說，「我也會魔術，我這就給你們表演一個了不起的魔術。」

盧比從桌上拿起一把勺子，用舌頭舔了一下，然後把它貼在自己黑亮亮的鼻頭上，勺子居然沒掉下來。露露、科南和盧卡斯都哈哈大笑起來，盧比得意地唱起了歌。

「我要是也會變魔術該有多好。」盧卡斯歎了一口氣。

露露一下子跳起來，「哎，說不定阿拉貝拉願意教我們魔術，我們去問問她吧。」

於是，偵探狗跟大家興沖沖地跑過大廳，去敲阿拉貝拉化妝間的門，房間裏卻沒有回應。露露又敲了敲，還是沒有回應。她推開門，只見阿拉貝拉正專注地伏在一隻舊箱子上翻找着什麼。

露露乾咳了一聲。

阿拉貝拉「砰」的一聲關上箱子，「哦，是你們。進來，快進來吧。」她的尾巴飛快地甩了一下。

大家一進門，就見到一個大書架，書架上堆着魔術棒、刀、劍、藥水、好幾疊撲克牌、硬幣，還有繩子。

牆角放着幾個籠子，裏面的兔子正津津有味地吃着東西。

「你好！我們想跟你學魔術。你能不能教我們一些魔術，比如從帽子裏變出兔子來？」露露禮貌地問道。

盧比迫不及待地跟着問：「你能不能教我從耳朵裏變出硬幣來？」

「當然可以。」阿拉貝拉咯咯一笑，那隻碧綠色的眼睛閃了一下，「你們願不願意參與我今晚的魔術表演？」

「當然願意！」大家都異口同聲地喊道。

於是，整整一個下午，科南和好朋友們都在跟阿拉貝拉學習魔術。

初次登台

　　到了晚上，魔術表演快要開始了。露露、科南、盧卡斯和盧比從天鵝絨帷幕後面向台下張望。

　　台下擠滿了觀眾，大家都興奮地等待表演開始。

　　這四個好朋友已經把阿拉貝魔術表演拉教的魔術學會了。不過，第一次登台，大家難免會感到緊張。阿拉貝拉也有些緊張，她不停地踱來踱去，尾巴一甩一甩的。

　　帷幕拉開了。阿拉貝拉深吸了一口氣，走到舞台中央。

　　「今晚，我為大家帶來了一個特別的節目——我的四個朋友盧卡斯、盧比、露露和科南的精彩魔術表演。」

　　阿拉貝拉把盧卡斯推到舞台中央。

「首先，盧卡斯要為大家表演超級洗牌術。他需要一位觀眾協助表演。」

　　一隻暹羅貓被請上了台。盧卡斯嚥了一口唾沫，拚命地搖尾巴。

　　盧卡斯給這隻暹羅貓看了五張牌，請她記住其中一張，但不要告訴他是哪一張。

　　「我要讓你記住的那張牌消失。」盧卡斯信心十足地說。

　　接着，盧卡斯把牌放到背後，假裝洗牌。然後，他把牌一張一張給暹羅貓看。

　　「這不是你那張牌。」

「這不是你那張牌。」

「這不是你那張牌。」

「這也不是你那張牌。」他得意地說。

「你說得對。」暹羅貓說，「我記得是紅心Ａ，你把它變走了。」

🎯 洗牌魔術

盧卡斯假裝知道暹羅貓記住了哪張牌，其實他並不知道是什麼牌，而且他也不必知道。各位小偵探，只要學會了下面的方法，你也能像盧卡斯一樣騙過觀眾。

你需要：

• 1副撲克牌

步驟：

1. 從撲克牌中找出紅心Ｑ、紅心Ａ、梅花Ｊ、紅心Ｋ、葵扇Ｑ五張牌。

2. 再找出階磚Ａ、葵扇Ｊ、階磚Ｋ、梅花Ｑ四張牌。

3. 把這四張牌放在褲子後袋裏。

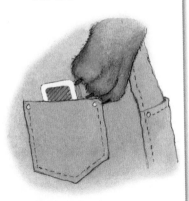

盧卡斯向觀眾鞠了一躬。
「太好啦！」科南大聲叫好。
露露又跺腳又吹口哨。

4. 給朋友看一疊五張牌。請他記住其中一張，但不要告訴你。你的朋友應該會記住牌的代碼（A、K等）和花色（紅心、葵扇等），比如紅心Q。

6. 把另外四張一疊的牌從褲子後袋裏拿到前面，當然要把先前的五張牌藏好，可以藏在另一個褲袋裏。但注意不要讓你的朋友發現你調換了牌。

5. 告訴朋友你要把牌放在背後洗一洗，把他記住的牌洗沒了。把這五張牌放到背後，同時讓你的朋友想着那張牌。

7. 把這四張牌一張一張給朋友看。這四張牌裏沒有紅心Q。這四張牌與前五張牌非常相像，你的朋友沒看見他記的那張牌，就自然會以為你把它變走了。

繩子魔術

　　魔術表演繼續順利進行着，輪到盧比上場了。

　　阿拉貝拉走到舞台中央，「接下來，嬌小玲瓏的盧比將為我們表演繩子魔術。她整整練了一個上午。現在她要把繩子環繞在腰間，然後在腰前打一個結，並讓繩子橫穿過她的腰。」

　　觀眾們好奇極了，熱烈地鼓起掌來。「各位先生、女士，有請盧比表演精彩的繩子魔術。」

　　阿拉貝拉退到後台。聚光燈在舞台上四處搜尋盧比，可是沒找到。

阿拉貝拉重新回到舞台中央，提高聲量說：「各位先生、女士，讓我們有請盧比表演精彩的繩子魔術。」

　　聚光燈重新尋找盧比。最後，盧比是被露露和科南推上舞台的。她臉色蒼白，看樣子很緊張，夾着尾巴，好像隨時要逃跑一樣。阿拉貝拉遞給盧比一根繩子。

盧比深吸了一口氣，向觀眾舉起繩子，然後她慢慢轉身背對觀眾，準備變魔術。

　　她轉身過來時，手裏握着繩子兩端。觀眾看見繩子從她的後腰繞到前面。

　　盧比拽着繩子的兩端，在腰前打了一個結，迅速拉緊。眨眼間，繩子橫穿過她的腰，跑到她的身前，而且還打着結。哇，繩子果然穿過來了！觀眾席間爆發出熱烈的掌聲。盧比鞠了一個躬，慌慌張張地跑下台。

⊙ 繩子魔術

盧比好像真的讓繩子從腰間穿過來了。她是怎麼做到的呢？小偵探，你也來試試看吧！

你需要：

• 1 根大約 1 米長的繩子

步驟：

1. 把繩子中間部分橫放在肚子上，塞在前面的褲子或裙腰裏，用衣服蓋住。

2. 拿着繩子兩頭，讓繩子看上去好像是從你背後繞到前面的。

3. 在身前打個結，迅速拉緊，這樣就把繩子從褲腰或裙腰裏拉拽出來了，不過觀眾看到的就好像是繩子穿過了你的腰。

讀心術

　　等掌聲停了，阿拉貝拉又走到舞台中央。

　　「接下來，有請露露和科南表演奇妙的讀心術。」她向觀眾宣布，「不過，我們需要大家幫忙。」

　　阿拉貝拉扭動着腰肢向觀眾走去，向他們借用珠寶首飾。

　　她從一隻老鬥牛犬那裏借來了一塊純金的懷錶，從一隻毛茸茸的灰斑貓那裏借來了一隻翡翠胸針，一隻棕色的小獵犬把一條鑽石項圈放在她手裏。阿拉貝拉還取下了一位太太的珍珠項鏈。

　　誰也不太情願把珠寶首飾借出來。可是，不知為甚麼，一看見阿拉貝拉那隻碧綠色的眼睛，觀眾們就都乖乖地交出來了。

「她要這麼多東西幹什麼?」露露疑惑地想。

「非常感謝。」阿拉貝拉說着把珠寶首飾放在露露和科南面前的桌子上,然後微笑着走下舞台。

露露用絲巾給科南蒙上眼睛,然後請珍珠項鏈的主人上台,請她隨意指一樣桌子上的首飾。

這位太太想把自己的珍珠項鏈拿回去,她就指了指珍珠項鏈。露露向她點點頭,把她送回座位上。整個過程中誰也沒有說話。

露露解開蒙住科南眼睛的絲巾。

　　「剛才有位老太太已經從你面前的珠寶首飾裏選了一件。」她對科南說，「你要用讀心術告訴大家是哪一件。」

　　科南歪着頭看了一會兒眼前的珠寶首飾，然後把手放在露露的兩腮上。

　　露露用低沉的嗓音說：「專心想那件珠寶首飾，科南。想……再想……」

　　科南露出吃力的表情，好像正在使勁地想。忽然，他露出微笑，「是珍珠項鏈——」

　　「砰！」一扇門突然猛地關上了，燈一下子全滅了，並傳來了尖叫起聲。

　　「阿拉貝拉？」科南叫道。

　　「阿拉貝拉？」露露叫道。

　　整個大廳裏一片漆黑，沒有任何應答。

⊕ 奇妙的讀心術

　　這個魔術需要你和朋友合作。你要假裝用心發出一條信息，你的朋友要假裝能讀懂。

步驟：

1. 在桌子上隨意擺幾件東西，排成一排。

2. 用絲巾給你的朋友蒙上眼睛，然後請一名觀眾任意指一件桌上的東西。

3. 解開蒙住朋友眼睛的絲巾。

4. 讓你的朋友把兩手放在你的兩腮上，你用咬牙的辦法告訴朋友觀眾指的是哪件東西。你們要事先設定好暗號，比如，如果是左數第三個，就咬牙三次。如果是第一個，就咬牙一次。

追蹤白貓

在表演廳裏，四周一片漆黑。

只聽見一陣「唰唰」的聲音從舞台一邊響到另一邊。

「阿拉貝拉？」

還是沒有應答。有人劃亮一根火柴。

「哎呀，不好！」露露驚叫起來。桌子上的珠寶首飾全都不翼而飛了！

「盧卡斯，盧比——快去找船長！」科南大聲叫道，「告訴他發生失竊案了。請他用無線電話呼叫多博曼警探。」

露露和科南趴到地上嗅了起來。

「這邊！」露露喊道。她跑到走廊上，科南緊跟在她後面。

露露和科南搜索到一扇門前。他們推開門，發現是阿拉貝拉的化妝間。

月光透過舷窗照進來。看樣子阿拉貝拉剛才一直在收拾行李。衣服從箱子裏散落出來。

他們躡手躡腳地走上前，探頭朝箱子裏看去，發現全是觀眾的珠寶首飾！ 翡翠胸針、珍珠項鏈、鑽石項圈和純金的懷錶全都在這兒呢！

　　突然，一個身影閃了過來，露露和科南還沒來得及掙扎，就被用好幾條絲巾紮成的繩子綑在了一起，動彈不得。

　　他們身後傳來一把冷冷的聲音說：「你們太愛管閒事了，這可不好。」是阿拉貝拉的聲音。

　　她用絲巾塞住露露和科南的嘴，然後把繩子再繞了一圈，緊緊地打了一個結。

　　「這樣你們就管不了閒事啦。」

　　阿拉貝拉把他們拖到衣櫃前，塞進去，然後「砰」的一聲關上衣櫃門，並上了鎖。

插翅難飛

露露和科南在衣櫃裏拚命掙扎着想逃脫，可是沒有用。他們聽到郵輪的汽笛聲，知道船快要靠岸了——阿拉貝拉就要帶着珠寶逃跑了！

這時，走廊上由遠而近傳來一陣沉重的腳步聲。聲音越來越近。

「抬箱子。」一把聲音低聲命令道。

「哎喲，真沉重，還是拖着走吧。」另一把聲音說。

接着，露露和科南聽到一陣拖箱子的聲音。那聲音順着走廊遠去了，腳步聲也越來越遠。

　　科南想這拖箱子的一定是阿拉貝拉的同夥，他們負責將裝有珠寶首飾的箱子卸下船。那阿拉貝拉去哪兒了？這時，科南想起暴風雨那天晚上阿拉貝拉說的隱身術。難道說阿拉貝拉隱身了？

　　科南發出嗚嗚的叫聲，想跟露露說自己的想法。

　　露露不停地扭動身體掙扎着。

　　突然，外面傳來一陣撬衣櫃門的聲音。

　　「盧卡斯，他們在這兒。」是盧比的聲音。

　　盧卡斯撞開衣櫃門，取下露露嘴裏的絲巾。

　　「快來不及了。」露露語無倫次地說，「一定要阻止他們將阿拉貝拉的箱子卸下船。快，快解開繩子。」

　　盧比齜齜牙，說：「現在該我和盧卡斯表演最精彩的魔術——咬斷繩子。」

　　不一會兒，露露和科南就重獲自由了。

　　露露、科南、盧比和盧卡斯衝上甲板。這時，幾十名警察已經在船上四處搜查失竊的珠寶首飾。多博曼警探也來了。

　　「我們知道珠寶首飾在哪裏，多博曼警探。」露露說着，伸手指着行李傳送帶上的那個舊箱子。眼看那箱子就要傳到岸上了。

　　說時遲，那時快，科南一個箭步衝上去，按下了紅色暫停鍵。

　　傳送帶猛地停了下來。那個舊箱子和幾件行李掉進了水裏。

　　露露和科南隨即跳進水裏，撈起那隻箱子，把它拖上岸。

　　科南打開箱子，驚訝地看見阿拉貝拉正憤怒地瞪着他。她渾身濕淋淋的，惡狠狠地對着科南叫着。

　　原來，這就是阿拉貝拉的「隱身術」。

　　多博曼警探給阿拉貝拉銬上手銬。

　　「這是新魔術。」露露說，「我們把貓變成籠中之鳥。」

美好時光

　　第二天一早，多博曼警探特意上船來感謝露露和科南幫忙捉住了那隻狡猾的白貓——阿拉貝拉。

　　「謝謝你們幫我們偵破了一件查了一年多的盜竊案。」他說，「阿拉貝拉曾在三個國家盜竊珠寶，是一個通緝犯。」

　　終於，狗偵探們可以在郵輪上安心享受假期，餘下的美好日子飛一般地過去了。

　　每位遊客都對露露和科南深表感謝。遊客們往露露的艙裏送來了很多鮮花；給科南帶來了巧克力奶糖；盧比有喝不完的果汁。有一天，船長甚至還問盧卡斯想不想學習掌舵呢！

　　在假期的最後一天早上，露露坐在游泳池邊，雙腳泡在清涼的水裏，手裏翻着一本旅遊雜誌。「這次度假真是妙極啦！可惜就要結束了。」她歎了一口氣。

　　「哎，快看！」露露指着一張金字塔的圖片，開心地說：「下次度假，我們可以去神秘的金字塔……」

　　科南打斷她，說：「我可不想去。我只想去一個不用破案的地方，清清靜靜地度假。」

　　不過，誰知道還有什麼樣的歷險在等着偵探狗呢？科南微微一笑，不管遇到什麼，他們總會齊心協力，同甘共苦。

神奇魔術掌握
情況記錄表

小偵探們，這宗「白貓隱身案」已經成功偵破了，在這個案例中我們沒有教偵探技能，而是介紹了幾種魔術的做法。你對書中提到的魔術掌握得怎樣呢？請對照下表，在對應的（）裏加✔，給自己評評分吧。

魔術技能	你掌握這項技能的的情況		
硬幣瞬間消失的魔術	很糟糕（　）	一般（　）	非常好（　）
洗牌魔術	很糟糕（　）	一般（　）	非常好（　）
繩子魔術	很糟糕（　）	一般（　）	非常好（　）
奇妙的讀心術	很糟糕（　）	一般（　）	非常好（　）

各位小偵探，
你們喜歡我們的偵探故事嗎？
請大家期待我下一本新書吧！

露露與科南
無敵偵探狗

無敵偵探狗 2
驚險嘉年華

作　　者：路易絲·迪克森 (Louise Dickson)
　　　　　阿德里安娜·梅森 (Adrienne Mason)
繪　　圖：派特·庫普勒斯 (Pat Cupples)
譯　　者：張韶寧
責任編輯：胡頌茵
美術設計：鄭雅玲
出　　版：新雅文化事業有限公司
　　　　　香港英皇道 499 號北角工業大廈 18 樓
　　　　　電話：(852) 2138 7998
　　　　　傳真：(852) 2597 4003
　　　　　網址：http://www.sunya.com.hk
　　　　　電郵：marketing@sunya.com.hk
發　　行：香港聯合書刊物流有限公司
　　　　　香港新界大埔汀麗路 36 號中華商務印刷大廈 3 字樓
　　　　　電話：(852) 2150 2100
　　　　　傳真：(852) 2407 3062
　　　　　電郵：info@suplogistics.com.hk
印　　刷：中華商務彩色印刷有限公司
　　　　　香港新界大埔汀麗路 36 號
版　　次：二〇二〇年五月初版